新东方烹饪教育

组编

西点师成长必修课程系列

我的快乐烘焙时光

中国人民大学出版社

·北京·

本书编委会

序言

　　一个人，一首歌，一杯咖啡，一道甜品，一段快乐时光。西点，在我们日常生活中扮演着越来越重要的角色，它让我们的生活变得更加甜蜜。

　　在世界上大多数国家，无论人们的主食还是副食品，烘焙食品都占有十分重要的位置。近年来我国的烘焙行业也迎来了大发展时期，越来越多的人喜欢上了制作西点，并从中收获了快乐和幸福。

　　为了让更多读者轻松掌握西点的制作，并促进我国西点行业的发展，培养更多西点烘焙人才，我们编写了《我的快乐烘焙时光》一书。本书内容包括烘焙原料、烘焙工具、蛋糕类、小西点类、清酥类、冷冻甜品类、面包类，详细列举了每一道烘焙美食的制作工具、原材料、制作步骤，并配有清晰的操作图片，大部分作品还配有操作视频，让人一目了然、轻松掌握烘焙美食的制作方法。 我们希望每一个拿到本书的读者都能成为烘焙达人。

　　在繁忙的工作之余，在悠闲的午后，尽情享受西点的幸福味道吧！

目录

1 。 烘焙原料

2 。 烘焙工具

3 。  蛋糕类

4 。 小西点类

5 。 清酥类

6 。 冷冻甜品类

7 。 面包类

1

°

烘焙原料

面粉

面粉是制作点心、面包的基本原料，由于面粉中含有淀粉和蛋白质成分，面粉在制品中起"骨架"作用，能使面坯在成熟过程中形成稳定的组织结构。

黄油

黄油含有丰富的蛋白质和卵磷脂，具有亲水性强、乳化性能好、营养价值高的特点。它能增强面团的可塑性、成品的松酥性，使成品内部松软滋润。

可可粉

从可可树结出的豆芙（果实）里取出可可豆（种子），经发酵、粗碎、去皮等工序得到可可豆碎片（通称可可饼），将可可饼脱脂粉碎之后的粉状物，就是可可粉。

白糖

烘焙中的糖有绵白糖、糖粉、砂糖等。糖可以改善制品的色泽和口感，提高产品的营养价值。糖在170℃时会产生焦化反应。配方中糖的用量越多，制品颜色越深。

鸡蛋

鸡蛋在制品中可起到增香增色、改善制品组织状态、提高营养价值的作用。

糖水菠萝

菠萝呈圆柱形，果肉为淡黄色，具有果大、芽眼浅、多汁、果芯少的特点。

糖水桃子

其按颜色分为黄桃和白桃两大类，以离核罐头为主，主要用于装饰蛋糕。

纯牛奶

纯牛奶又称牛乳，一种白色或稍微黄色的不透明液体，具有特殊香味。

淡奶油

淡奶油是从鲜奶油中分离出来的乳制品，一般为白色浓稠液体，奶香味浓，具有很高的营养价值和食用价值。

食用色素

食用色素是以食品着色为目的的一种食品添加剂。

植物奶油

植物奶油也称氢化油，是普通植物油在一定温度和压力下加氢催化的产物，由大豆等植物油和水、盐、奶粉等加工而成。因为它不仅能延长保质期，还能让糕点更酥脆，同时熔点高，室温下能保持固体形状，因此广泛用于食品加工和烘焙领域。

吉利丁片

吉利丁片为白色或黄色半透明的薄片，有腥臭味，需泡水去腥，加水后会缓慢吸水膨胀软化。

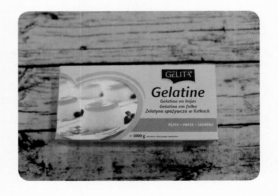

果蓉

果蓉是果肉在糖水中煮制的产物。

酵母

酵母是一些单细胞真菌，并非系统演化分类的单元。酵母菌是人类文明史中被应用得最早的微生物，其可在缺氧环境中生存。酵母菌在自然界分布广泛，主要生长在偏酸性的潮湿的含糖环境中，在烘焙中经常使用。

面包改良剂

面包改良剂是在面包制作中用以弥补原料品质的不足、提高加工特性、改善成品品质的食品添加剂。

麦芽糖

麦芽糖是碳水化合物的一种，由含淀粉酶的麦芽作用于淀粉而制得。其可用作营养剂，也供配制培养基使用。

2.

烘焙工具

蛋糕类工具

01 剪刀

用于剪裱花袋、放置花卉。

02 裱花棒

用于制作花卉。

03 裱花袋

用于装鲜奶油。

04 长柄软刮板

用于鲜奶油、黄油的搅拌。

05 电子秤

用于称量食材。

06 玻璃纸

用于挤制精细花边。

07 蛋糕垫

用于放置蛋糕。

08 圆嘴

用于制作动物的形体。

09 叶子花嘴

用于制作花卉蛋糕的叶子以及百合花。

10 玫瑰弯嘴

用于制作玫瑰花、牡丹花以及其他花的花边。

小西点类工具

01 电子秤

用于称量食材。

02 蛋抽

主要用于食材的
搅拌和打泡等。

03 长柄软刮板

用于鲜奶油、黄油
的搅拌。

04 裱花袋

用于挤制奶油。

05 保鲜膜

用于密封食物。

06 搅拌器

用于搅拌材料。

清酥类工具

01 蛋抽

主要用于食材的
搅拌和打泡等。

02 擀面杖

用于擀面、整形。

03 雕刻刀

用于裁处酥皮、面皮。

04 羊毛刷

用于刷蛋液、黄油。

05 刻度尺

用于测量尺寸。

06 走锤

用于扩展面团。

07 白刮板

用于分割面团。

08 圆形模具

用于刻出圆形面片。

09 电子秤

用于称量食材。

10 打孔器

用于将面皮扎孔排气。

冷冻甜品类工具

01 电子秤

用于称量食材。

02 蛋抽

主要用于食材的搅拌和打泡等。

03 长柄软刮板

用于鲜奶油、黄油的搅拌。

04 剪刀

用于修剪原料。

05 白刮板 用于面团的分割。

06 裱花袋 用于挤制奶油。

07 保鲜膜 用于密封食物。

面包类工具

01 保鲜膜

用于密封食物。

02 白刮板

用于分割面团。

03 电子秤

用于称量食材。

04 擀面杖

用于扩展面团。

05 锯齿刀

用于切割面包。

06 喷水壶

用于对面团进行保湿。

3.

蛋糕类

玫瑰情缘

"玫瑰情缘"制作视频

玻璃纸	裱花袋	剪刀
叶子嘴	小号圆嘴	中号牙嘴
小号牙嘴	玫瑰弯嘴	转台
蛋糕垫	裱花棒	抹刀

三　操作步骤

❶ 将鲜奶油均匀涂抹于蛋糕坯表面（图
　1），然后用抹刀将蛋糕收平（图2）。

❷ 将抹平的蛋糕挑起平移至蛋糕垫上
　（图3）。

一　原料

名称	数量
鲜奶油	500g
黄色、绿色、蓝色色素	少许
蛋糕坯	1个，约500g

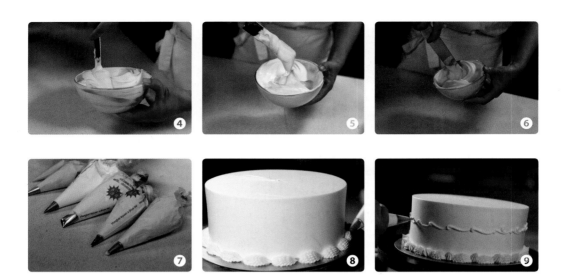

③ 取适量色素（蓝色、黄色、绿色色素）分别调制成所需颜色奶油备用（图4～图6）。

④ 将调制好的奶油分别装入裱花袋中备用（图7）。

⑤ 将装有蓝色奶油的中号牙嘴裱花袋立于蛋糕底边倾斜45°角左右，以抖的手法挤出小毛毛虫花边（图8）。

⑥ 在蛋糕侧面用装有白色奶油的小号圆嘴裱花袋挤出S形线条进行装饰（图9）。

⑦ 将装有白色奶油的小号圆嘴裱花袋贴于蛋糕侧面勾出线条作为装饰（图10）。

⑧ 将装有蓝色奶油的小号牙嘴裱花袋立于蛋糕顶部的35°角左右，以挤抖拉的手法挤出花边作为装饰（图11）。

⑨ 将黄色奶油装入玻璃纸（也称黄色细裱）中，在蛋糕表面写上"情缘"二字（图12）。

⑩ 将装有黄色奶油的玫瑰弯嘴的裱花袋与裱花托顶呈30°角，边转动花托边挤奶油，先由下向上，然后再向下一次性包住花芯，并以同样的手法做出第二个花瓣（图13）。

⑪ 在第二瓣的二分之一位置，转动裱花棒挤上奶油，将第二瓣包住。以此类推，一共三层，一共做9～11个花瓣（图14）。

⑫ 将做出的玫瑰花摆于蛋糕顶部，呈水滴形。最后用叶子嘴挤出叶子，用玻璃纸拉出藤条（图15和图16）。

操作要领

1. 花边的挤制。

2. 玫瑰花的挤制方法。

3. 奶油出量的掌握。

4. 左右手的配合。

花开富贵

"花开富贵"制作视频

 原料

名称	数量
鲜奶油	500g
黄色、粉色、绿色色素	少许
巧克力果膏	10g
粉色喷粉	少许
糯米花托	2个
蛋糕坯	1个，约500g

 准备工具

玻璃纸	裱花袋	剪刀
玫瑰弯嘴	转台	蛋糕垫
塑料刮片	裱花棒	电子秤

 操作步骤

① 将鲜奶油均匀涂抹于蛋糕坯表面，用塑料刮片刮圆，并将抹好的圆面坯挑于蛋糕垫上（图1～图4）。

 ①  ②  ③

②　取部分鲜奶油调成粉色装入有玫瑰弯嘴的裱花袋中，同时在裱花袋一边夹一条白色的鲜奶油（图5～图7）。

③　将玫瑰弯嘴立于蛋糕底部约30°角，挤绕出裙边，在蛋糕侧边均匀地拉出弧边，最后用细裱（将奶油装入玻璃纸中）挤出细线装饰。用黄色细裱（将黄色奶油装入玻璃纸中）挤出葡萄球，点上叶子进行装饰（图8～图11）。

④　取糯米花托，在花托内挤上鲜奶油，将玫瑰弯嘴立于花托约45°角，以抖动的手法抖出扇形花瓣，抖的时候一片接一片，第一层5个花瓣。第二层的制作是在第一层的基础上玫瑰弯嘴角度成60°，

花瓣稍小于第一层的花瓣。以同样的
手法，再做出第三层，然后用喷粉将
表面喷匀。最后在留出的花蕊部分挤
出黄色花蕊和绿色花芯（图 12 ～图
15）。

⑤ 最后用巧克力果膏在蛋糕上写上"花
开富贵"四个字（图 16）。

操作要领

1. 花边的挤制。

2. 牡丹花的挤制方法。

3. 奶油出量的掌握。

4. 左右手的配合。

纸杯蛋糕

"纸杯蛋糕"制作视频

一　原料

名称	数量
绿色奶油霜	100g
黄色奶油霜	100g
紫色奶油霜	100g
原色奶油霜	100g
纸杯蛋糕坯	6个

二　准备工具

小号花嘴	裱花袋	抹刀	油纸
小号圆嘴	小号直嘴		叶子花嘴
玻璃纸	电子秤		裱花钉
中号玫瑰弯嘴		韩式裱花剪	

三　操作步骤

① 在裱花钉上挤少许奶油霜（颜色任选），贴上油纸，在油纸的中心点挤上原色奶油霜作为花托，在花托上用黄色细裱（将黄色奶油霜装入玻璃纸中制作而成）拔出花芯（图1和图2）。

❷ 用中号玫瑰弯嘴以反手包的手法包住花芯，先两瓣一圈，然后用同样的手法做出第二层、第三层，最后形成整朵花，用韩氏裱花剪将花挑于托盘上（图3和图4）。

❸ 在裱花钉上挤少许奶油霜（颜色任选）贴上油纸，然后在油纸的中心点挤成稍高的花托，利用小号花嘴挤绕摆动花嘴的手法挤出奥斯汀玫瑰的花芯，然后以正手包的手法挤出花瓣包住花芯，花芯略低，用韩氏裱花剪挑于托盘上（图5～图7）。

❹ 在裱花钉上挤少许（颜色任选）奶油霜贴上油纸，在油纸的中心点挤上较小的圆球，以圆球为中心用小号直嘴挤出紫色小花，在紫色小花中心点挤上黄色小花芯，用韩氏裱花剪挑于托盘上（图8和图9）。将所有成形的花放入冰箱冷藏定形30～60分钟。

❺ 用抹刀将纸杯蛋糕坯抹上奶油霜备用（图10）。

⑥ 将绿色奶油霜、原色奶油霜分别装入带有叶子花嘴的裱花袋中，在纸杯蛋糕的边缘以挤拔的手法拔出第一层花叶，重复做出第二层，用原色奶油霜挤拔出第三层和第四层花叶，用黄色细裱挤拔出花芯，一种花形的纸杯蛋糕就制作完成了（图11～图15）。

⑧ 将冷藏定形好的花取出放于装有奶油的纸杯蛋糕上，用紫色小花装饰，用小号圆嘴挤出绿色小花枝，挤上叶子，用紫色奶油霜、黄色奶油霜分别在绿色小花枝上挤出小花苞（图16～图18）。

⑨ 制成一种花形的成品（图19）。

操作要领

1. 花卉的挤制方法。　2. 奶油出量的掌握。　3. 色彩的搭配。

水果蛋糕

"水果蛋糕"制作视频

一 原料

名称	数量
透明果膏	10g
绿色奶油霜	10g
鲜奶油	500g
芒果丁	50g
蓝莓	100g
菠萝片	100g
红加仑	20g
星星糖	30g
奇异果	100g
蛋糕坯	1个，约500g

二 准备工具

多齿牙嘴
剪刀
转台
三角刮板
抹刀
裱花袋
蛋糕垫
电子秤

三 操作步骤

① 取适量鲜奶油均匀涂抹于蛋糕坯表面，用三角刮板在侧边刮出纹路，用抹刀将表面收平并将抹好的蛋糕挑于蛋糕垫上（图1和图2）。

② 将鲜奶油装入带有多齿牙嘴的裱花袋中，在蛋糕表面边缘挤出曲奇边（图3）。

③ 在蛋糕底边贴上新鲜蓝莓，并用绿色奶油霜装饰成叶子（图4）。

④ 在蛋糕中间装饰菠萝片和奇异果，在水果中间摆放切成丁状的芒果并摆上红加仑装饰，用透明果膏保持水果新鲜度（图5和图6）。

⑤ 在蛋糕侧边贴上星星糖进行装饰（图7）。

⑥ 水果蛋糕制作完成（图8）。

==操作要领==

1. 曲奇边的挤制。　2. 水果的摆放。　3. 奶油出量的掌握。　4. 水果色彩的搭配。

欧式水果蛋糕

原料

名称	数量
透明果膏	10g
柠檬果膏	20g
巧克力果膏	10g
鲜奶油	500g
蓝莓	10g
菠萝片	20g
红加仑	10g
奇异果	20g
糖水海棠	5g
黄色喷粉	少许
蛋糕坯	1个，约500g

 准备工具

抹刀	火枪	剪刀
裱花袋	蛋糕垫	转台
水果刀	小号烫勺	多齿牙嘴
细齿万能刮片		小号正方形刮片
梯形小刮片	电子秤	玻璃纸

三 操作步骤

❶ 将蛋糕坯放在转台上，将鲜奶油均匀地涂于蛋糕坯表面收平（图1）。

❷ 用细齿万能刮片在蛋糕表面拉出细齿纹路（图2）。

❸ 用小号正方形刮片将侧边修平，用细齿万能刮片向下压，向上带出尖峰状（图3和图4）。

④ 用梯形小刮片将蛋糕侧边的多余鲜奶油收掉，再以同样的手法切出薄边，并将多余的毛边收平，用巧克力细裱（将巧克力果膏装入玻璃纸中制作而成）在切出的薄边上挤一圈巧克力果膏（图5～图7）。

⑤ 在底部淋上柠檬果膏，用小号烫勺（用火枪加热）将切出的薄边挑出波浪形（图8）。

⑥ 用梯形小刮片在蛋糕顶部三分之二处向中心点分出层次，将多余的鲜奶油用刮片收掉，用抹刀收出水纹状，再淋上柠檬果膏，用抹刀做成水纹状，在波浪形边上喷上黄色喷粉进行装饰（图9～图11）。

⑦ 欧式造型完成后，将蛋糕挑于蛋糕垫上。在蛋糕顶部用各种水果进行装饰，用透明果膏进行保鲜（图12和图13）。

操作要领

1. 薄边的切出手法。

2. 水果的摆放。

3. 果膏的用量。

4. 水果色彩的搭配。

4.

小西点类

俄罗斯西饼

 原料

 操作步骤

名称	数量
高筋面粉	80g
低筋面粉	90g
抹茶粉	3g
鸡蛋	150g
黄油	90g
糖粉	80g

❶ 将黄油和糖粉放入桶中，先慢后快打发至呈绒毛状，并分次加入蛋液，搅拌均匀。

❷ 加入抹茶粉慢速搅拌均匀。

❸ 加入过筛后的高筋面粉和低筋面粉，慢速搅拌均匀。

 准备工具

电子秤	面粉筛
搅拌器	保鲜膜

④ 取出面团，整形成圆柱形。

⑤ 表面包裹好保鲜膜，放入冰箱冷冻 2 ~ 3 小时。

⑥ 取出后，切成 0.5 厘米的薄片，送入烤箱烘烤，用上火 150℃、下火 150℃烘烤 15 ~ 18 分钟。

⑦ 制品摆盘装饰。

操作要领

1. 制品需要切成厚薄均匀的薄片，方便均匀烤熟。

2. 面团要充分冷冻到适合切薄片的程度。

3. 烤制的温度要精准。

4. 面团的整形要控制好。

5. 烤制的时间要控制好。

椰丝球

一　原料

名称	数量
黄油	74g
绵白糖	78g
鸡蛋	50g
低筋面粉	176g
椰丝	66g

二　准备工具

电子秤	面粉筛
搅拌器	保鲜膜

三　操作步骤

1. 将黄油和绵白糖放入桶中，先慢后快打发至呈绒毛状，并分次加入蛋液，搅拌均匀。

2. 加入过筛后的低筋面粉和椰丝，慢速搅拌均匀。

③ 取出面团，将面团分割成 10 ~ 15 克 / 个的球体，在球体表面沾上椰丝。

④ 放至烤盘上进行烘烤，用上火 180℃、下火 160℃ 烤 20 分钟左右。

⑤ 将成品摆盘装饰。

操作要领

1. 黄油和绵白糖要打发成干性发泡。 2. 要分次加蛋液，以防止油蛋分离。

3. 面团搓球大小要一致，不可太大。 4. 烤制的时间要控制好。

巧克力酥

"巧克力酥"制作视频

 原料

名称	数量
绵白糖	450g
黄油	150g
鸡蛋	5个
色拉油	150g
可可粉	100g
低筋面粉	500g
泡打粉	5g
白芝麻	适量

 准备工具

电子秤	面粉筛
搅拌器	保鲜膜

 操作步骤

❶ 将黄油和绵白糖入桶，先慢后快打发至呈微白色。

❷ 将色拉油呈直线状缓慢加入。

③ 分次加入蛋液搅拌均匀。

④ 加入过筛的粉料（可可粉、低筋面粉、泡打粉），慢速搅拌均匀。

⑤ 将混合好的面团用保鲜膜封好，冷藏1~2小时。

⑥ 取出冷藏好的面团分割成10~15克/个大小的球体，表面沾上白芝麻。

⑦ 入烤箱烘烤，用上火170℃、下火140℃烤15~20分钟。

⑧ 将成品摆盘装饰。

操作要领

1. 控制好面团搅拌筋度。

2. 加入色拉油要根据面团变化控制速度。

3. 面团整形的大小要一致。

4. 控制好蛋液和色拉油的加入速度。

5. 控制好烤制的时间。

法式手指饼干

"法式手指饼干"制作视频

一　原料

名称	数量
蛋清	225g
绵白糖 A	125g
塔塔粉	5g
蛋黄	600g
绵白糖 B	75g
低筋面粉	250g
生粉	50g
糖粉	适量

二　准备工具

裱花袋	电子秤
搅拌器	面粉筛

三　操作步骤

❶ 将蛋黄和绵白糖 A 放入桶中，快速搅打至干性发泡（不易滴落）。

❷ 将蛋清、绵白糖 B、塔塔粉放入桶中，先慢速将糖打发至溶化，然后再快速搅打至干性发泡（呈鸡尾状）。

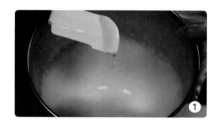

❸ 将搅拌好的蛋清液分三次加入蛋黄液
　　中，每次加入都需要抄拌均匀。

❹ 加入过筛后的低筋面粉，拌匀。

❺ 将搅拌好的材料装入裱花袋中，在烤
　　盘上挤制成大小相同的手指形。

❻ 在表面筛上一层糖粉和一层生粉。

❼ 送入烤箱，用上火 180℃、下火 160℃
　　烤制 15 ～ 20 分钟。

❽ 将成品摆盘装饰。

操作要领

1. 蛋黄和蛋清要打发成干

性发泡。

2. 制品挤形要大小一致，

成熟状态为表面金黄色。

3. 打发蛋清时抄拌要注意

方式，以免消泡过度。

4. 先筛糖粉再筛生粉，防

止上色过快。

西式桃酥

名称	数量
酥油	250g
绵白糖	250g
苏打粉	5g
鸡蛋	50g
低筋面粉	500g
臭粉	5g
白芝麻	适量

二 准备工具

电子秤	搅拌器	面粉筛

三 操作步骤

❶ 将酥油和绵白糖放入桶中，先慢后快打发至呈绒毛状，然后分次加入蛋液，慢速搅拌均匀。

❷ 加入过筛后的低筋面粉、臭粉、苏打粉慢速拌匀。

③ 将面团分割成 15 ~ 20 克 / 个的球形，均匀地摆放在烤盘上。

④ 用掌心将球形压成圆饼状，用大拇指将中心压低并点缀白芝麻，然后放入烤箱，用上火 180℃、下火 170℃烤 15 ~ 18 分钟。

⑤ 将成品摆盘装饰。

操作要领

1. 面团搅拌、叠压筋度的要控制好。

2. 鸡蛋需要分次加入，避免油蛋分离。

3. 粉料需要事先混合过筛才可以使用。

4. 注意面团的整形。

5. 面团压洞的深度要控制好。

6. 控制烤制的时间。

花生小点

名称	数量
黄油	37g
糖粉	40g
淡奶油	42g
三花淡奶	20g
低筋面粉	86g
花生碎	适量

准备工具
电子秤
面粉筛
搅拌器
裱花袋
圆形花嘴

三 操作步骤

① 将黄油和糖粉入桶先慢后快打发至呈
绒毛状。

② 加入三花淡奶、淡奶油慢速拌匀。

③ 加入过筛后的低筋面粉，慢速拌匀。

④ 将拌匀的材料装入带有圆形花嘴的裱花袋中。

⑤ 在烤盘上挤出大小相同的圆形。

⑥ 在表面均匀撒上一层花生碎，放入烤箱，用上火 170℃、下火 130℃烤制 15 ~ 20 分钟。

⑦ 将成品摆盘装饰。

操作要领

1. 淡奶油呈液态，不可打发。

2. 加入淡奶油的时候注意融合程度。

3. 挤形的大小要一致。

4. 控制好烤制的时间。

红茶西饼

"红茶西饼"制作视频

原料

名称	数量
黄油	240g
糖粉	180g
蛋清	50g
盐	2g
低筋面粉	350
杏仁粉	70g
红茶粉	20g

 准备工具

搅拌器
软刮板
面粉筛
刀
电子秤
保鲜膜

三 操作步骤

❶ 将黄油、糖粉、盐放入桶中，先慢后快搅打至呈绒毛状。

❷ 分次加入蛋清，快速搅打至干性发泡。

③ 加入过筛的粉料（低筋面粉、杏仁粉、红
茶粉）搅拌均匀，整制成形。

④ 放入冰箱冷冻 2 ~ 3 小时。

⑤ 切成 0.5 厘米厚的薄片。

⑥ 放入烤箱烘烤，用上火 160℃、下火 140℃
烘烤 20 分钟左右。

⑦ 取出成品装盘。

操作要领

1. 黄油的打发程度。

2. 西饼被冷冻的软硬程度。

3. 所有粉类应过筛。

4. 加入粉类时，需低速搅打。

意式杏仁饼干

"意式杏仁饼干"制作视频

 ## 一　原料

名称	数量
低筋面粉	500g
绵白糖	350g
杏仁片	200g
泡打粉	5g
鸡蛋	2个
花生碎	50g
盐	少许

 ## 二　准备工具

电子秤	刀
搅拌器	保鲜膜

三　操作步骤

① 将低筋面粉放入桶中。

② 将绵白糖放入桶中。

③ 将盐放入桶中。

④ 将泡打粉放入桶中。

⑤ 分次加入鸡蛋。

⑥ 混合搅拌均匀。

⑦ 将烤熟的杏仁片和花生碎放入桶中慢速搅匀。

⑧ 将搅拌好的面坯包上保鲜膜后放入冰箱冷冻 30 分钟
定形。

⑨ 整形成长条形。

⑩ 放入烤箱烘烤，用上火 200℃、下火 200℃烘烤 15 分钟，
烤至呈金黄色取出。

⑪ 冷却后切成 0.5 厘米的薄片。

⑫ 进行二次烘烤，用上火 150℃、下火 150℃烘烤 15 ～
20 分钟。

⑬ 将成品装盘。

操作要领

1. 要控制好杏仁片和花生碎的烘烤时间，以表面呈淡黄色、散发出香味为宜。

2. 制品冷冻时间要控制好。 3. 制品冷冻成形后要压紧、压实。

核桃塔

"核桃塔"制作视频

一 原料

名称		数量
塔皮	黄油	200g
	糖粉	100g
	盐	2g
	鸡蛋	1 个
	低筋面粉	380g
馅料	绵白糖	750g
	鸡蛋	3 个
	黄油	10g
	核桃碎	适量

二 准备工具

搅拌器	软刮板
塔模	电子秤
裱花袋	保鲜膜

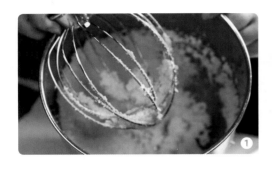

三 操作步骤

调制塔皮部分：

① 将黄油、糖粉、低筋面粉和盐入桶，先慢后快进行搅打。

② 分次加入蛋液，慢速搅拌均匀至呈绒毛状。

③ 面团成团冷冻1小时。

④ 塔皮分割捏制成形，入塔模。

调制馅料部分：

⑤ 将鸡蛋入桶进行搅打。

⑥ 加入绵白糖搅打至糖溶化。

操作要领

1. 捏制挞皮时，挞皮要薄但不能见底，否则容易见底，不易脱模。

2. 挞液灌制七八分满即可。

⑦ 将融化的黄油入桶慢速拌匀。

⑧ 加入核桃碎慢速拌匀。

⑨ 将调制好的塔液入模，七八分满。
入烤箱烘烤，用上火 180℃、下火
180℃烘烤 30 分钟。

⑩ 最后将成品装饰摆盘。

苹果派

"苹果派"制作视频

原料

	名称	数量
酥皮	盐	5g
	黄油	260g
	鸡蛋	130g
	奶粉	30g
	绵白糖	250g
	低筋面粉	650g
馅料	苹果	500g
	吉士粉	30g
	绵白糖	50g
	蛋糕碎	100g
	黄油	50g
	淡奶油	50g

 准备工具

电子秤	搅拌器	奶油机
电磁炉	蛋抽	模具	面粉筛

三 **操作步骤**

调制酥皮部分：

❶ 将黄油和绵白糖入桶，先慢后快打发
　至呈绒毛状。

❷ 加入盐慢速搅拌均匀。

③ 分次加入蛋液慢速搅拌均匀。

④ 加入过筛后的低筋面粉和奶粉慢速搅拌均匀。

⑤ 面团成团后冷冻1小时。

调制馅料部分：

⑥ 将苹果去皮、去籽，蒸熟。

⑦ 加入淡奶油。

⑧ 用奶油机搅打成茸。

⑨ 将黄油入锅加热，加入苹果茸炒熟。

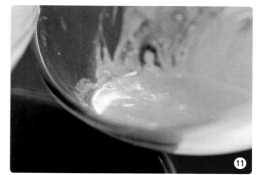

⑩ 加入绵白糖调味。

⑪ 将吉士粉用冷水搅开加入桶内。

⑫ 加入蛋糕碎。

⑬ 搅打均匀备用。

⑭ 把皮放入模具中，填馅，摆上苹果肉，然后入炉烘烤，以上火 180℃、下火 170℃烘烤 25 分钟。

⑮ 将成品取出摆盘。

操作要领

1. 苹果的果肉要新鲜,不能被氧化。

2. 酥皮要求薄而脆，馅心要求软嫩、适口。

3. 不能用铁锅炒苹果。

4. 酥皮不能打发。

双色西点

名称	数量
酥油	250g
糖粉	200g
鸡蛋	80g
盐	2g
低筋面粉	400g
奶粉	25g
泡打粉	2g
可可粉	15g

二 准备工具

电子秤	搅拌器	保鲜膜
面粉筛	擀面杖	刀

三 操作步骤

❶ 将酥油入桶慢速搅拌均匀。

❷ 将糖粉入桶慢速搅拌均匀。

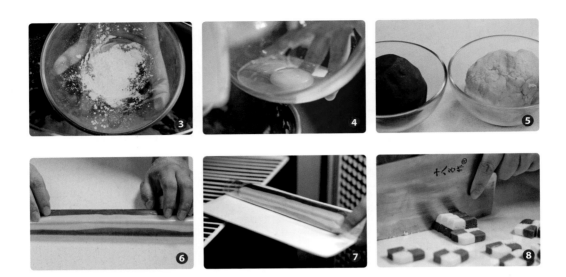

③ 将盐入桶慢速搅拌均匀。

④ 分次加入蛋液，搅拌均匀。

⑤ 加入过筛后的低筋面粉、奶粉和泡打粉搅拌均匀，取出二分之一备用，将剩下的面团加入过筛后的可可粉调制成巧克力色。

⑥ 将两种颜色的面团分别擀制成长条状，交错叠加在一起。

⑦ 包上保鲜膜，放入冰箱冷冻2小时。

⑧ 取出切片，切成约0.5厘米的小块，然后放入烤箱进行烘烤，用上火170℃、下火150℃烘烤13～15分钟。

⑨ 将成品取出装饰摆盘。

操作要领

1. 控制好酥油打发程度。

2. 控制好冷冻程度。

3. 鸡蛋需完全吸收进去。

4. 加入粉类时需低速搅打。

瓦片酥

"瓦片酥"制作视频

原料

名称	数量
杏仁片／瓜子仁	390g
绵白糖	390g
低筋面粉	130g
蛋清	320g
蜂蜜	98g
黄油	60g

二 准备工具

面粉筛　电子秤　电磁炉　蛋抽　小勺

 操作步骤

❶ 将黄油、绵白糖、蜂蜜放在一起，隔水加热溶化，搅拌均匀。

❷ 加入蛋清，隔水加热溶化，搅拌均匀。

③ 加入过筛后的低筋面粉搅拌均匀。

④ 加入杏仁片或瓜子仁搅拌均匀。

⑤ 将制品用小勺平摊在不沾烤盘上。

⑥ 整成圆形，尽量大小一致。

⑦ 放入烤箱烘烤，上火为 180℃，下火为 170℃，烘烤 15 分钟。

⑧ 取出装盘。

操作要领

1. 瓜子仁提前烤制时不可烤黑。

2. 蛋清隔水加热时温度不宜过高，否则会熟。

3. 成形时要厚薄一致，杏仁或者瓜子仁需搅拌均匀，舀制时不可太厚。

5.

清酥类

三角酥

"三角酥"制作视频

一 原料

名称	数量
高筋面粉	250g
低筋面粉	350g
绵白糖	80g
鸡蛋	1个
水	350g
盐	8g
黄油	80g
片状起酥油	350g

二 准备工具

保鲜膜	羊毛刷	小刀
尺子	走锤	和面机

三 操作步骤

① 将高筋面粉、低筋面粉、绵白糖、鸡蛋、水入桶搅打均匀（图1～图4）。

② 将面团打至成团后加入黄油和盐，快速搅打至面筋扩展、表面光滑状态（图5和图6）。

 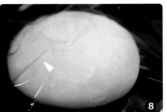 

❸ 取出面团整成圆形，盖上保鲜膜松弛
30分钟（图7和图8）。

❹ 将片状起酥油擀至长方形，将松弛好
的面团擀至起酥油面积的两倍（图9
和图10）。

❺ 将起酥油放置面团二分之一处并捏紧
捏实，冷藏松弛10分钟（图11～图
13）。

❻ 取出面团擀至长方形（厚度为0.6
厘米），三折一次，重复三次（图
14～图16）。

❼ 将擀好的酥皮裁成10厘米×10厘
米的正方形，再对折成三角形（图

 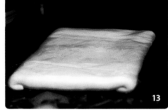 

17 ~ 图 19）。

❽ 在表面刷蛋液并撒上黑芝麻，然后进行
　烘烤，上火为 210℃，下火为 180℃，
　时间为 20 分钟（图 20 和图 21）。

❾ 将成品摆盘装饰（图 22）。

操作要领

1. 面团和起酥油的软硬度要适中。

2. 形状要均匀，开酥用力需均匀，
面团松弛冷藏时间要掌握好。

3. 掌握好烘烤色泽，以金黄色为宜。

蝴蝶酥

和面机	小刀
尺子	走锤
保鲜膜	电子秤
羊毛刷	

一　原料

三　操作步骤

名称	数量
低筋面粉	700g
高筋面粉	500g
绵白糖	50g
盐	10g
水	650g
片状起酥油	900g
黄油	80g
蛋清	少许

❶ 将高筋面粉、低筋面粉、绵白糖、水入桶搅打均匀（图1～图4）。

  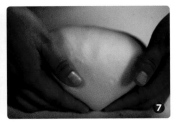

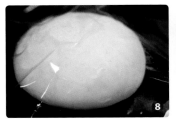  

② 将面团打至成团后加入黄油和盐，快速搅
打至面筋扩展、表面光滑状态（图5和图6）。

③ 取出面团整成圆形，盖上保鲜膜松弛30
分钟（图7和图8）。

④ 将片状起酥油擀至长方形，将松弛好的面团
擀至起酥油面积的两倍（图9和图10）。

⑤ 将起酥油放置面团二分之一处并捏紧捏实，
冷藏松弛10分钟（图11～图13）。

⑥ 取出面团擀至长方形（厚度为0.6厘米），
四折一次，重复三次（图14～图16）。

操作要领

1. 面团和起酥油软硬度要
适中。

2. 成形要卷紧，以免空心。

3. 掌握烘烤色泽。

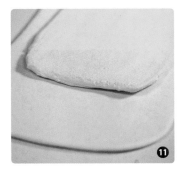  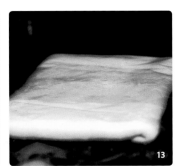

⑦ 表面刷上蛋清，两边对折卷起，然后冷冻 2 小时（图 17 和图 18）。

⑧ 切成 0.5 厘米的薄片，入炉烘烤，上火为 200℃，下火为 180℃，时间为 20 分钟（图 19 ~ 图 21）。

⑨ 将成品摆盘装饰（图 22）。

榴莲酥

名称	数量
白芝麻	适量
绵白糖	20g
黄油	30g
鸡蛋	2个
水	480g
片状起酥油	300g
高筋面粉	500g
盐	10g
低筋面粉	500g
榴莲馅	若干

和面机	羊毛刷	小刀
尺子	走锤	保鲜膜
圆形卡模	电子秤	

三 操作步骤

❶ 将高筋面粉、低筋面粉、绵白糖、鸡蛋、水入桶搅打均匀（图1～图4）。

② 将面团打至成团后加入黄油和盐，快速搅打至面筋扩展、表面光滑状态（图5和图6）。

③ 取出面团整成圆形，盖上保鲜膜松弛30分钟（图7和图8）。

④ 将片状起酥油擀至长方形，将松弛好的面团擀至起酥油面积的两倍（图9和图10）。

⑤ 将起酥油放置面团二分之一处并捏紧捏实，冷藏松弛10分钟（图11～图13）。

⑥ 取出面团擀至长方形（厚度为0.6厘米），三折一次，重复三次（图14～图16）。

⑦ 擀好的酥皮裁去边角的面团，用圆形卡模刻出圆形（图17～图19）。

⑧ 将榴莲馅放至圆形酥皮的中央，表面再覆盖一层圆形酥皮，表面刷蛋液，撒上白芝麻（图20～图22）。

⑨ 放入烤箱烘烤，上火为210℃，下火为170℃，时间为25分钟（图23）。

⑩ 将成品摆盘装饰（图24）。

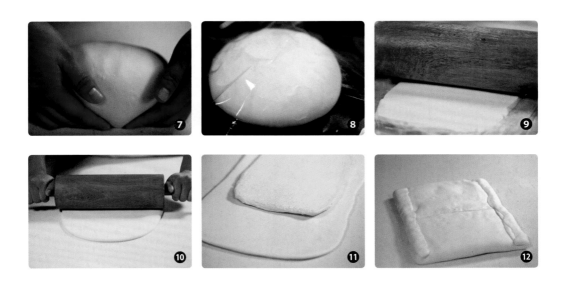

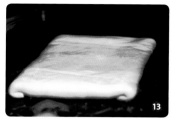

榴莲馅的制作配方

A: 牛奶 500g,淡奶油 167g,黄油 150g

B: 细砂糖 117g,低筋面粉 40g,玉米淀粉 40g,鸡蛋 100g

C: 熟榴莲

操作步骤

1. 将 A 部分的原料加热搅拌溶化待用。

2. 将 B 部分的原料搅拌均匀,加入溶化的 A 中,迅速加热搅拌均匀,再进行冷却。

3. 冷却好的面糊中加入熟榴莲,榴莲馅就做好了。

羊角酥

一　原料

名称	数量
绵白糖	50g
黄油	50g
鸡蛋	1个
水	300g
片状起酥油	250g
高筋面粉	250g
低筋面粉	350g
盐	8g

二　准备工具

和面机	羊毛刷	小刀
尺子	走锤	保鲜膜
电子秤		

三　操作步骤

1. 将高筋面粉、低筋面粉、绵白糖、鸡蛋、水入桶搅打均匀（图1～图4）。

2. 将面团打至成团后加入黄油和盐，快速搅打至面筋扩展、表面光滑状态（图5和图6）。

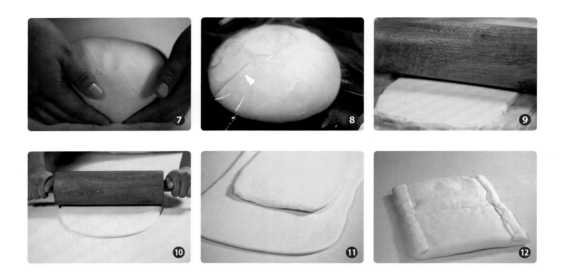

③ 取出面团整成圆形，盖上保鲜膜松弛30分钟（图7和图8）。

④ 将片状起酥油擀至长方形，将松弛好的面团擀至起酥油面积的两倍（图9和图10）。

⑤ 将起酥油放置于面团二分之一处并捏紧捏实，冷藏松弛10分钟（图11～图13）。

⑥ 取出面团擀至长方形（厚度为0.6厘米），三折一次，重复三次（图14～图16）。

操作要领

1. 面团和起酥油软的硬度要适中。　2. 做羊角状时要卷紧，以免空心。

3. 掌握好烘烤色泽。

⑦ 将酥皮裁成边长分别为 10 厘米、18 厘米的三角形，中间切小口自
然卷起呈羊角状（图 17 ~ 图 19）。

⑧ 表面刷蛋液，然后入炉烘烤，上火为 210℃，下火为 180℃，时间
为 20 分钟（图 20 和图 21）。

⑨ 将成品摆盘装饰（图 22）。

风车酥

"风车酥"制作视频

一 原料

名称	数量
绵白糖	50g
黄油	50g
鸡蛋	1个
水	300g
片状起酥油	250g
高筋面粉	250g
低筋面粉	350g
盐	8g

二 准备工具

和面机	羊毛刷	小刀
尺子	走锤	保鲜膜
电子秤		

三 操作步骤

❶ 将高筋面粉、低筋面粉、绵白糖、鸡蛋、水入桶搅打均匀（图1~图4）。

② 将面团打至成团后加入黄油和盐，快速搅打至面筋扩展、表面光滑
状态（图5和图6）。

③ 取出面团整成圆形，盖上保鲜膜松弛30分钟（图7和图8）。

④ 将片状起酥油擀至长方形，将松弛好的面团擀至起酥油面积的两
倍（图9和图10）。

⑤ 将起酥油放置于面团二分之一处并捏紧捏实，冷藏松弛10分钟（图
11～图13）。

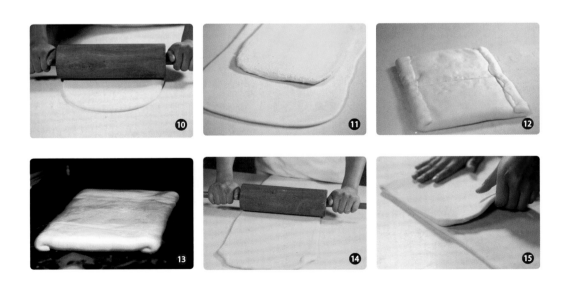

⑥ 取出面团擀至长方形（厚度为 0.6 厘米），
三折一次，重复三次（图 14 ～图 16）。

⑦ 将酥皮裁成边长为 12 厘米的正方形，对
角切开，保持中间不断裂，呈风车形状（图
17 ～图 20）。

⑧ 表面刷蛋液，然后入炉烘烤，上火为 210℃，
下火为 180℃，时间为 20 分钟（图 21）。

⑨ 将成品摆盘装饰（图 22）。

6.

冷冻甜品类

草莓慕斯

一　原料

名称	数量
吉利丁片	7g
淡奶油	192g
草莓果蓉	175g
糖 A	19g
蛋清	27g
糖 B	43g
蛋糕坯	6 寸（2 个）
草莓片	适量

二　准备工具

慕斯圈	电子秤	电磁炉
长柄刮板	蛋抽	保鲜膜
不粘锅	手持打蛋器	

三　操作步骤

① 将吉利丁片用冷水泡软。

② 将草莓果蓉隔水加热溶化。

③ 在果蓉中加入糖 A（19g）搅拌均匀。

④ 加入软化的吉利丁片拌匀（备用）。

⑤ 将糖 B（43g）加适量水加热至 118℃。

⑥ 将糖水倒入蛋清中打发至中性发泡（呈鸡尾状）。

⑦ 将淡奶油打发至中性发泡（有细纹）。

⑧ 将打发的蛋清加入草莓果蓉，拌匀。

⑨ 倒入淡奶油，拌匀，做成草莓慕斯液。

⑩ 将一个 6 寸蛋糕坯放入慕斯圈作为底层。

⑪ 将切好的草莓片贴在模具内侧，摆放成一圈。

⑫ 在模具中倒入已制好的草莓慕斯液的一半。

⑬ 放入第二个蛋糕坯。

⑭ 将剩余草莓慕斯液装满模具，将表面抹平，然后冷冻 12 小时。

⑮ 取出，脱模，切块，装饰。

 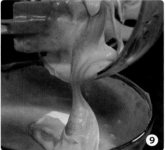 

乳酪慕斯

"乳酪慕斯"制作视频

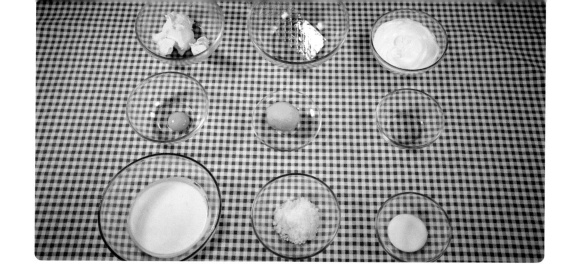

一　原料

名称	数量
吉利丁片	6.5g
奶油芝士	150g
牛奶	11g
绵白糖	30g
朗姆酒	少许
蛋黄	1个
淡奶油	112g
柠檬汁	少许
蛋糕坯	6寸（1个）

二　准备工具

慕斯圈	电子秤	电磁炉
保鲜膜	长柄刮板	
不粘锅	手持打蛋器	

三　操作步骤

① 将绵白糖、牛奶入盆，隔水加热，搅拌拌匀。

② 稍微冷却后加入蛋黄，拌匀待用。

3 将吉利丁片用冷水泡软。

4 将奶油芝士隔水溶化，加入少许柠檬汁搅拌至细腻均匀。

5 将淡奶油打发至中性发泡（有细纹）。

6 将前面拌好的蛋黄液加入芝士液中拌匀。

7 将打发的淡奶油加入拌匀。

8 倒入溶化的吉利丁片拌匀。

9 倒入少许朗姆酒拌匀，制成乳酪慕斯液。

10 将一个6寸的蛋糕坯放入模具作为底层。

11 倒入乳酪慕斯液，放入冰箱冷冻12小时。

12 取出，脱模，切块，装饰。

操作要领

1. 淡奶油打发的程度要控制好。　2. 冷冻时间要保证。

抹茶慕斯

"抹茶慕斯" 制作视频

名称	数量
奶油芝士	200g
糖	60g
牛奶	34g
淡奶油	148g
吉利丁片	3.4g
抹茶粉	4g
蛋黄	42g
蛋糕坯	6寸（2个）

慕斯圈	电子秤	不粘锅
电磁炉		保鲜膜
长柄刮板		手持打蛋器

三 操作步骤

❶ 将吉利丁片用冷水泡软。

❷ 将奶油芝士隔水溶化。

③ 在奶油芝士中慢慢加入牛奶拌匀，做成芝士液。

④ 将抹茶粉加入少量热水溶化。

⑤ 在抹茶粉中加入软化后的吉利丁片，隔水溶化拌匀，做成抹茶液。

⑥ 将糖加适量水煮沸至118℃。

⑦ 将糖液缓慢加入蛋黄中打发，并搅拌均匀至乳黄色。

⑧ 将淡奶油打发至中性发泡（有细纹）。

⑨ 将抹茶液加入芝士液中拌匀，然后加入蛋黄液，拌匀。

⑩ 加入打发的淡奶油，拌匀，做成抹茶慕斯液。

⑪ 将一个 6 寸蛋糕坯放入模具作为底层。

⑫ 倒入已做好的抹茶慕斯液的一半。

⑬ 放入第二个蛋糕坯。

⑭ 将剩余抹茶慕斯液装满模具，放入冰箱冷冻 12 小时。

⑮ 取出，脱模，切块，装饰。

操作要领

1. 控制好糖加入蛋黄中的时机和打发的程度。

2. 控制好煮糖浆的温度。

3. 注意糖浆加热的方法。

提拉米苏

"提拉米苏"制作视频

二　准备工具

名称	数量
奶油芝士	125g
朗姆酒	7.5g
绵白糖	3.5g
咖啡粉	2g
吉利丁片	5g
蛋黄	2个
淡奶油	125g
手指饼干	适量
手指饼干底坯	1个
可可粉	适量
咖啡糖浆	适量

慕斯圈	电子秤	电磁炉
长柄刮板		保鲜膜
不粘锅		手持打蛋器

三　操作步骤

❶ 将吉利丁片用冷水泡软（备用）。

② 将奶油芝士隔水溶化。

③ 在绵白糖中加 20g 水加热至 118 ℃ 。

④ 将糖水加入打发的蛋黄中搅拌均匀。

⑤ 在咖啡粉中加入适量 80℃ 的水调成咖啡液。

⑥ 在咖啡液中加入泡软的吉利丁片，搅拌均匀。

⑦ 将咖啡液倒入蛋黄液中拌匀。

⑧ 分次加入奶油芝士，拌匀。

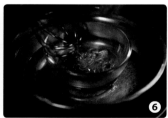

⑨ 将淡奶油打发至中性发泡（有细纹）。

⑩ 倒入淡奶油，拌匀。

⑪ 倒入朗姆酒，拌匀，做成提拉米苏液。

⑫ 将手指饼干底坯放入慕斯圈底部。

⑬ 倒入已做好的提拉米苏液的一半。

⑭ 将手指饼干蘸咖啡糖浆。

⑮ 将蘸过咖啡糖浆的手指饼干摆放在提拉米苏液上。

⑯ 倒入剩余的提拉米苏液，放入冰箱冷冻12小时。

⑰ 脱模后在表面撒一层防潮可可粉。

⑱ 用手指饼干围边装饰，摆盘。

操作要领

1. 要控制好糖加入打发蛋黄

中的时间。

2. 要控制好煮糖浆的温度。

3. 掌握装饰慕斯表面的手法。

酸奶慕斯

名称	数量
原味酸奶	175g
绵白糖 A	53g
吉利丁片	5g
淡奶油	173g
柠檬汁	8g
蛋清	60g
绵白糖 B	38g
蛋糕坯	6寸（2个）

慕斯圈
不粘锅
保鲜膜
电磁炉
电子秤
手持打蛋器
长柄刮板

三　操作步骤

① 将原味酸奶和绵白糖 A 放在一起隔水搅拌至糖溶化 。

② 加入柠檬汁拌匀（备用）。

③ 在绵白糖 B 中加适量水加热至 118℃。

④ 将糖水倒入蛋清中打发至中性发泡（呈鸡尾状），制成蛋白霜。

⑤ 将吉利丁片用冷水泡软，加少许水隔水溶化。

⑥ 将淡奶油打发至中性发泡（有细纹）。

⑦ 将溶化后的吉利丁片加入已调好的酸奶中拌匀。

⑧ 再加入打发的淡奶油和蛋白霜，拌匀做成酸奶慕斯液。

⑨ 将一个6寸蛋糕坯放入模具作为底层。

⑩ 分两次倒入酸奶慕斯液，中间放一个蛋糕坯，最后将表面抹平，冷冻12小时。

⑪ 取出，脱模，切块，装饰。

操作要领

1. 控制好糖加入打发蛋清中的时间。

2. 控制好煮糖浆的温度。

3. 控制好蛋清的打发程度。

巧克力慕斯

 一 原料

名称	数量
吉利丁片	4g
淡奶油	220g
黑巧克力	120g
绵白糖	50g
蛋黄	60g
蛋糕坯	6寸（2个）

 二 准备工具

慕斯圈	电子秤	电磁炉	保鲜膜
长柄刮板		手持打蛋器	

 三 操作步骤

❶ 将吉利丁片用冷水泡软。

❷ 将黑巧克力切碎隔水溶化（水温60℃以下）。

③ 在绵白糖中加适量水加热至118℃。

④ 将糖水倒入蛋黄中打发成乳黄色。

⑤ 将巧克力液倒入蛋黄中拌匀。

⑥ 将淡奶油打发至中性发泡（有细纹）。

⑦ 将巧克力液倒入淡奶油中拌匀。

⑧ 将溶化的吉利丁液和蛋黄液倒入，拌匀，做成巧克慕斯液。

⑨ 将一个6寸蛋糕坯放入模具作为底层。

⑩ 倒入已做好的巧克力慕斯液的一半。

⑪ 放入第二个蛋糕坯。

⑫ 倒入剩余的巧克力慕斯液，将表面抹平，然后冷冻 12 小时。

⑬ 取出，脱模，切块，装饰。

操作要领

1. 控制好糖加入打发蛋黄中的时间。

2. 控制好煮糖浆的温度。

3. 控制好蛋黄的打发程度。

7.

面包类

牛奶哈斯

名称	数量
高筋面粉	840g
低筋面粉	360g
盐	24g
糖	84g
酵母	18g
鸡蛋	60g
牛奶	780g
黄油	96g
改良剂	10g

擀面杖		电子秤
刮板	羊毛刷	和面机
刀片	保鲜膜	喷水壶

❶ 将高筋面粉、低筋面粉、酵母、改良剂、鸡蛋、牛奶、糖放入和面机搅打，面筋扩展至七成（表面略光滑）后，加入盐和黄油搅拌至面筋扩展完成（十成），拉出薄膜状（图1~图4）。

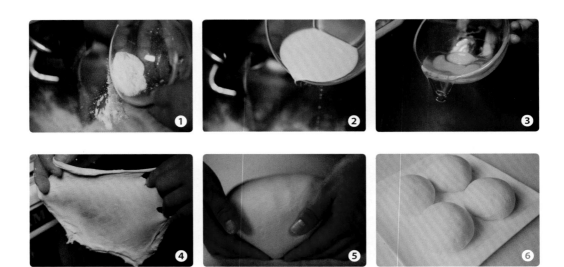

② 取出面团，整成圆形（表面光滑），然后松弛30分钟（图5）。

③ 将面团分割成280g／个，搓成圆形，表面覆盖保鲜膜后松弛30分钟（图6）。

④ 整形成圆柱形，放入发酵箱，温度为35℃，湿度为75%，时间为90分钟（图7）。

⑤ 发酵至原体积的三倍后，用刀片开3道口后进行烘烤，喷蒸汽，烘烤温度为上火210℃、下火180℃，烤制25分钟，呈金黄色为宜（图8）。

⑥ 将成品取出装盘（图9）。

操作要领

1. 面团搅拌温度为22℃。

2. 醒发温度为35℃，湿度为75%，时间为90分钟。

3. 成品烘烤颜色为金黄色即可。

布列萨努

"布列萨努"制作视频

一 原料

二 准备工具

名称	数量
高筋面粉	1500g
糖	150g
奶粉	30g
鸡蛋	900g
酵母	30g
盐	30g
黄油	750g
乳酪	200g

擀面杖	电子秤	刮板
保鲜膜	羊毛刷	和面机

三 操作步骤

1. 将高筋面粉、酵母、奶粉、鸡蛋、糖放入和面机搅打，面筋扩展至七成（表面略为光滑）后，加入盐和黄油搅拌至面筋扩展完成，拉出薄膜状（图1～图4）。

 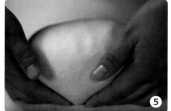 

❷ 将扩展好的面团取出分割成120g / 个，搓圆，然后松弛30分钟（图5~图7）。

❸ 取出面团擀成长条，入发酵箱醒发，温度为35℃，湿度为75%，时间为90分钟（图8）。

❹ 表面刷蛋液并装饰乳酪粒，入炉烘烤，上火为200℃，下火为170℃，时间为12分钟，烤至呈金黄色（图9和图10）。

❺ 将成品取出装盘（图11）。

操作要领

1. 面团搅拌温度为22℃。

2. 醒发温度为35℃，湿度为75%，时间为90分钟。

3. 成品烘烤成金黄色即可。

起士饼

一 原料

名称	数量
高筋面粉	1000g
盐	22g
糖	10g
酵母	5g
水	650g
黄油	30g
奶油干酪	400g

二 准备工具

擀面杖	刮板	电子秤
喷水壶	牛角刀	保鲜膜	和面机

三 操作步骤

 将高筋面粉、酵母、水、糖放入和面机搅打，面筋扩展至七成（表面略光滑）后，加入盐和黄油搅拌至面筋扩展完成，拉出薄膜状（图1～图4）。

② 取出面团，整成圆形（表面光滑），然后松弛30分钟（图5）。

③ 将面团分割成150g／个，搓成圆形，表面覆盖保鲜膜后松弛30分钟（图6）。

④ 将面团擀开放上乳油干酪，卷起呈橄榄状，将底部捏紧（图7和图8）。

⑤ 再次擀开成长方形，从中间切断拉呈三角形状摆放在烤盘上。然后入炉烘烤，烤箱内喷蒸汽，上火为240℃，下火为220℃，烤20分钟（图9和图10）。

⑥ 取出成品摆盘（图11）。

操作要领

1. 面团搅拌温度为22℃。

2. 醒发温度为35℃，湿度为75%，时间为90分钟。

3. 成品烘烤成金黄色即可。

130

黄金牛角

"黄金牛角"制作视频

一 原料

名称	数量
高筋面粉	900g
低筋面粉	100g
老面	750g
糖	200g
盐	15g
鸡蛋	190g
牛奶	190g
黄油	330g
酵母	10g
黑芝麻	适量

二 准备工具

擀面杖		电子秤
羊毛刷	刮板	和面机

三 操作步骤

❶ 将老面提前打好备用（图1）。

❷ 将高筋面粉、低筋面粉、酵母、老面、鸡蛋、牛奶、糖放入和面机搅打至面筋扩展至七成（表面略光滑）后，加

❶

❷

132

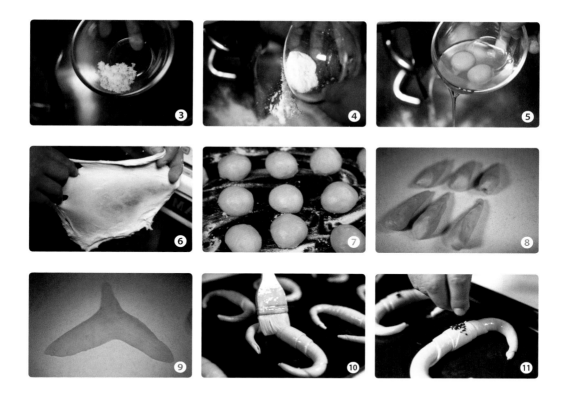

入盐和黄油搅拌至面筋扩展完成，拉出薄膜状（图2~图6）。

❸ 取出面团，松弛30分钟，分割成100g／个，搓圆，松弛30分钟（图7）。

❹ 将面团搓成胡萝卜状（图8）。

❺ 将面团擀开至牛角状，入醒发箱发酵，温度为35℃，湿度为75%，时间为90分钟（图9）。

❻ 刷上蛋液，装饰黑芝麻，入炉烘烤，上火为200℃，下火为175℃，烤制15分钟呈金黄色（图10和图11）。

❼ 取出成品摆盘（图12）。

操作要领

1. 面团搅拌温度为22℃。

2. 醒发温度为35℃，湿度为75%，时间为90分钟。

3. 成品烘烤成金黄色即可。

拿铁鲁

"拿铁鲁"制作视频

名称	数量
高筋面粉	1500g
糖	150g
奶粉	30g
鸡蛋	850g
酵母	30g
盐	30g
黄油	750g

二 准备工具

土司模具	电子秤	刮板
面包锯刀	和面机	擀面杖	保鲜膜

三 操作步骤

❶ 将高筋面粉、酵母、奶粉、鸡蛋、糖放入和面机搅打，面筋扩展至七成（表面略光滑）后，加入盐和黄油搅拌至面筋扩展完成，拉出呈薄膜状（图1～图4）。

❷ 取出面团，松弛30分钟，分割成120g／个，搓圆，再松弛30分钟（图5）。

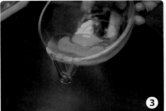

③ 再次搓圆，然后将 8 个面团放入一个吐司模具中，入醒发箱发酵（温度为 35℃，湿度为 75%，时间为 90 分钟），发酵至模具的七分满。最后入炉烘烤，上火为 170℃，下火为 210 ℃，烤制 25 分钟成金黄色（图 6）。

④ 将成品取出摆盘（图 7）。

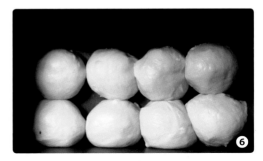

乳香罗宋

"乳香罗宋"制作视频

名称	数量
高筋面粉	450g
糖	122g
盐	5g
酵母	7g
鸡蛋	60g
奶粉	20g
牛奶	80g
黄油	45g

二 　准备工具

擀面杖	电子秤	
刀片	刮板	
和面机	羊毛刷	保鲜膜

三 　操作步骤

① 将高筋面粉、酵母、奶粉、牛奶、鸡蛋、糖放入和面机搅打，面筋扩展至七成（表面略光滑）后，加入盐和黄油搅拌至面筋扩展完成，拉出呈薄膜状（图1～图5）。

② 取出面团，松弛30分钟，分割成120g／个，搓圆，再松弛30分钟（图6）。

③ 将面团搓成一头大的长条形（图7）。

④ 擀薄，从宽头向下卷起，摆放入烤盘中，放入醒发箱发酵（温度为35℃、湿度为75%）90分钟（图8和图9）。

⑤ 用刀片从中间割开，放入黄油，入炉烘烤，上火为200℃，下火为175℃，烤制15分钟至金黄色（图10和图11）。

⑥ 将成品取出装饰摆盘（图12）。

操作要领

1. 面团搅拌温度为22℃。

2. 醒发温度为35℃，湿度为75%，时间为90分钟。

3. 成品烘烤成金黄色即可。

巧克力司康

"巧克力司康"制作视频

一 原料

名称	数量
高筋面粉	150g
低筋面粉	350g
泡打粉	20g
糖	120g
黄油	150g
淡奶油	250g
盐	5g
葡萄干	60g
巧克力豆	60g

二 准备工具

擀面杖	电子秤	牛角刀	模具
保鲜膜	羊毛刷	和面机	

三 操作步骤

❶ 将低筋面粉、高筋面粉、泡打粉、盐、糖、淡奶油放在一起拌匀。

② 加入黄油拌匀后再加入巧克力豆、葡萄干拌匀成团。

③ 将面团整形成圆形后放入模具冷冻1小时。

④ 切成8块后表面刷蛋黄液，再入炉烘烤（上火为200℃，下火为170℃）18分钟成金黄色。

⑤ 将成品取出装饰摆盘。

操作要领

1. 面团搅拌成团要均匀，面团不可起筋。

2. 面团要整形冻硬、切块烘烤。 3. 成品烘烤至金黄色即可。

夏之雪

"夏之雪"制作视频

143

一 原料

名称	数量
高筋面粉	1500g
奶粉 A	30g
糖	150g
鸡蛋	950g
酵母	30g
盐	20g
黄油	750g
芝士片	100g
奶粉 B	50g
红豆粒	200g

二 准备工具

擀面杖	电子秤	和面机	纸托
刮刀	面粉筛	保鲜膜	羊毛刷

三 操作步骤

① 将高筋面粉、酵母、奶粉 A、鸡蛋、糖放入和面机搅打,面筋扩展至七成(表面略光滑)后,加入盐和黄油搅拌至面筋扩展完成,拉出呈薄膜状(图 1 ~ 图 4)。

144

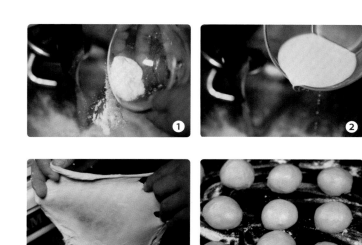

❷ 取出面团分割成 60g／个，搓圆，再松弛 30 分钟（图 5）。

❸ 每个面团包入红豆粒 30g 成圆形，然后放入纸托中，入醒发箱发酵（温度为 35℃，湿度为 75%）90 分钟（图6 和图 7）。

❹ 将面团取出刷蛋液，在芝士片中间扣圆圈，然后盖在面团上再筛上奶粉 B，最后入炉烘烤，上火为 170℃，下火为 175℃，烤制 15 分钟成金黄色（图8 ～图 9）。

❺ 将成品取出装饰摆盘（图10）。

操作要领

1. 面团搅拌温度为 22℃。

2. 醒发温度为 35℃，湿度为 75%，时间为 90 分钟。

3. 成品烘烤成金黄色即可。

北海道吐司

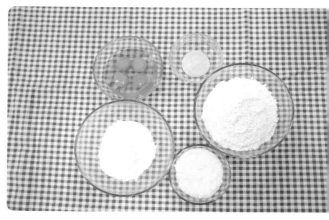

一 原料

名称	数量
高筋面粉	1000g
盐	10g
糖	140g
酵母	15g
黄油	75g
水	550g
鸡蛋	240g
奶粉	80g
炼乳	55g
日式甜奶油	适量

二 准备工具

通心锤	刮板	电子秤	和面机
牛角刀	羊毛刷	土司模	保鲜膜

三 操作步骤

1 将高筋面粉、酵母、奶粉、鸡蛋、糖和水放入和面机搅打至面筋扩展至七成（表面略光滑）后，加入盐和黄油搅拌至面筋扩展完成，拉出呈薄膜状（图1～图4）。

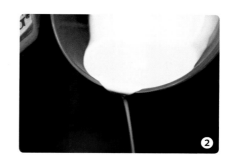

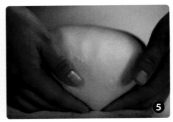

② 将面团成团，盖上保鲜膜松弛30分钟后放入冰箱冷冻1小时（图5和图6）。

③ 将日式甜奶油擀扁，将松弛好的面团擀至成甜奶油面积的两倍（图7～图9）。

④ 将面团包住甜奶油，捏紧捏实松弛10分钟（图10和图11）。

⑤ 将包好的面团擀开呈长方形，三折一次的方式松弛半小时（重复三次，即三折三次）（图12～图15）。

⑥ 取出面团切成三条，编成三股辫，每个重量为500g（图16～图18）。

⑦ 放入模具，两头向中间对折，然后放入醒发箱。发酵温度为35℃，湿度为75%，

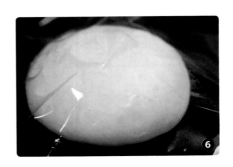

时间 90 分钟。最后入炉烘烤,上火为 210℃,下火为 190℃,时间为 40 分钟,成金黄色即可(图 19 和图 20)。

8 将成品取出装饰摆盘(图 21)。

操作要领

1. 面团搅拌温度为 22℃。 2. 醒发温度为 35℃,湿度为 75%,时间为 90 分钟。

3. 成品烘烤成金黄色即可。

红酒法圆包

一　原料

名称	数量
高筋面粉	800g
盐	20g
糖	100g
鸡蛋	100g
乳酪	100g
高活性干酵母	30g
红酒	500g
蔓越莓果干	200g
黄油	20g
裸麦粉	适量

二　准备工具

喷水壶
电子秤
面粉筛
擀面杖
刮板
和面机
保鲜膜

三　操作步骤

① 将高筋面粉和红酒搅拌成团，在室温内发酵6小时（图1）。

② 将除盐、黄油、果干以外的原料放在一起，
打发至扩展阶段（表面略光滑）后，加入
黄油和盐搅拌至八成，再加入蔓越莓果干
慢挡搅匀。将面团放入醒发箱发酵约 60
分钟（图 2）。

③ 将基础发酵结束后的面团进行排气、分割
等操作。面团分割为 80 ~ 100g／个，稍
松弛后，将面团滚圆（图 3 和图 4）。

④ 将面团放入醒发箱，温度为 30℃，湿度为
80%，醒发约 80 分钟。发酵结束后，表面
筛上裸麦粉，再划两道刀口（图 5）。

⑤ 入炉，喷入蒸汽。以上火 200℃、下火
185℃烤 12 ~ 15 分钟即可，取出装盘
（图 6）。

操作要领

1. 红酒面团发酵一定要充足，
以散发麦香味为宜。

2. 红酒面团所使用的酵母最
好是高活性酵母。

牛奶普罗多

一　原料

名称	数量
高筋面粉	800g
淡奶油	150g
盐	18g
糖	80g
鸡蛋	50g
黄油	80g
干酵母	15g
奶粉	20g
白巧克力	200g
蔓越莓果干	250g
改良剂	10g
纯牛奶	100g

二　准备工具

喷水壶	面粉筛	和面机
刮板	电子秤	擀面杖

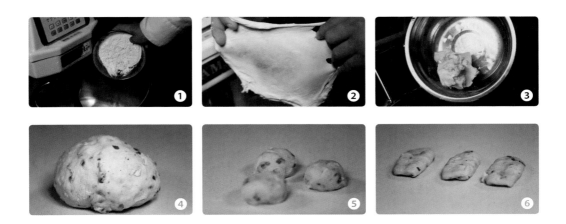

三 操作步骤

1. 将除黄油、白巧克力、盐、果干以外的原料放在一起，打发至扩展阶段（表面略光滑）（图1和图2）。

2. 加入黄油和盐打发至八成，取出部分面团出来后，加入白巧克力和蔓越莓果干慢挡搅匀。将面团盘至表面光滑，然后松弛40分钟（图3和图4）。

3. 面团基础发酵后，进行排气、分割等操作。原味面团为30g／个，巧克力面团为50g／个（图5）。

4. 稍松弛后，将原味面团擀长，包入巧克力面团，然后醒发（温度为32℃、湿度为80%）约40分钟（图6和图7）。

5. 表面筛上面粉，划三道刀口，入炉并喷入蒸汽。以上火200℃、下火185℃烤13～15分钟，取出装盘（图8）。

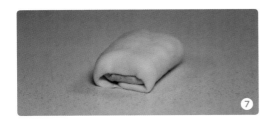

操作要领

1. 巧克力最好选用优质的巧克力豆。 2. 果干需用少量红酒浸泡待用。

可可法包

"可可法包"制作视频

一　原料

名称	数量
高筋面粉	800g
淡奶油	150g
盐	15g
糖	80g
鸡蛋	50g
蛋黄	20g
干酵母	15g
黄油	100g
奶粉	20g
提子果干	200g
巧克力	250g
纯牛奶	420g
可可粉	15g
改良剂	10g
裸麦粉	适量

二　准备工具

喷水壶	面粉筛	擀面杖	和面机
刮板	电子秤		法棍网盘

三　操作步骤

❶ 将除黄油、巧克力、果干、裸麦粉、

157

 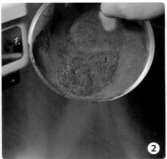 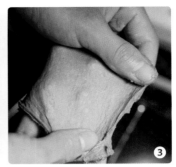

盐以外的原料放在一起，搅打至扩展
阶段（图1~图3）。

② 加入黄油和盐打至八成，加入巧克力和
提子果干慢挡搅匀（图4和图5）。

③ 将面团放入醒发箱发酵约40分钟（图
6）。

④ 面团基础发酵后，进行排气、分割等
操作，将面团分割为120g／个（图
7和图8）。

⑤ 稍松弛后，将面团做成橄榄状，放入
法棍网盘中，再醒发（温度为35℃，
湿度为82%）约60分钟（图9）。

 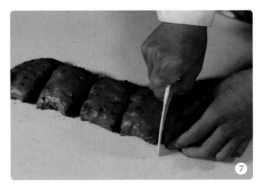

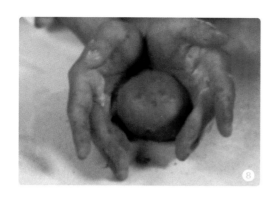

6 最终发酵后，表面筛上裸麦粉，划两道刀口，入炉并喷入蒸汽。以上火 200℃、下火 215℃烤 15 ~ 18 分钟，取出装饰装盘（图 10）。

操作要领

1. 巧克力最好选用优质的巧克力豆。

2. 放入法棍网中醒发的温度为 35℃，湿度为 82%。

乳酪面包

一 原料

二 准备工具

名称	数量
老面部分	高筋面粉	500g
	盐	2g
	糖	30g
	酵母	5g
	淡奶油 A	150g
主面及其他原料	高筋面粉	500g
	乳酪	120g
	黄油	100g
	盐	14g
	酵母	4g
	淡奶油 B	100g
	糖	150g
	鸡蛋	120g

羊毛刷	面粉筛	刮板	
电子秤	擀面杖	晾网	和面机

三 操作步骤

❶ 将老面部分的所有原料打发至成团，冷藏发酵 24 小时（图 1）。

161

❷ 将成团后的老面和其他原料（除盐、黄油以外）倒入桶中，打发至面筋扩展阶段，再加入黄油和盐打发至十成，拉出呈薄膜状（图2~图4）。

❸ 将面团盘至表面光滑，松弛30分钟（图5和图6）。

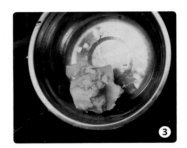

❹ 将基础发酵结束后的面团进行排气、分割等操作。分割后的面团为100g／个（图7）。

❺ 稍松弛后，将面团滚圆，放入醒发箱醒发（温度为28℃，湿度为80%）约50分钟，然后表面刷牛奶，以上火190℃、下火195℃烤15~18分钟（图8）。

❻ 出炉后立即脱离烤盘，移至晾网上。再入烤箱，以上火200℃、下火180℃烤约15分钟，出炉晾一会儿即可（图9）。

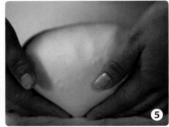

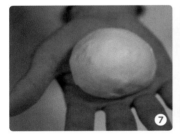

〔 操作要领 〕

1. 先将老面部分搅打成团，放在冰箱内，发酵的温度最好是4℃。

2. 老面对于面包组织有一定的影响，添加量不宜过多。

杂粮汤种面包

一　原料

名称	数量
液种		
高筋面粉	300g
杂粮粉	200g
酵母	1g
水	500g
主面部分		
高筋面粉	400g
水	适量
奶粉	20g
干酵母	5～8g
盐	16g
糖	40g
黄油	50g
提子干	200g
蔓越莓果干	150g
核桃仁	100g
裸麦粉	适量

二　准备工具

和面机	面粉筛	保鲜膜
刮板	电子秤	擀面杖

三　操作步骤

❶ 将除盐、黄油、干果、果干以外的原料入桶，打发至扩展阶段（表面略光

滑）后，加入黄油和盐慢挡搅匀，快挡打至面筋八成。取部分面团出来，加入所有果干与干果，慢挡搅匀（图1～图3）。

❷ 将面团在室温内发酵约60分钟（图4）。

❸ 面团基础发酵结束后，进行排气、分割等操作。纯面团为60g/个，果干面团为180g/个（图5）。

❹ 以面包面的手法将纯面团包住果干面团，并整至呈橄榄形，划刀口，入醒发箱（温度为30℃，湿度为80%）醒发约60分钟（图6～图8）。

❺ 发酵结束后，表面筛裸麦粉，以上火205℃、下火195℃烤20～25分钟即可（图9和图10）。

操作要领

1. 烘烤时最好喷入蒸汽，以增加面团表面的色泽。

2. 果干类材料最好事先浸泡，以增加风味。

3. 液种部分最好事先全部搅匀，放入冰箱冷藏发酵约24个小时。

炼乳白土司

名称	数量
高筋面粉	800g
炼乳	160g
盐	18g
糖	40g
纯牛奶	480g
干酵母	15g
黄油	80g
蜂蜜	适量

二　准备工具

和面机	面粉筛	刮板	
电子秤	擀面杖	吐司模	保鲜膜

三　操作步骤

❶ 将除盐和黄油以外的原料倒入搅拌桶中，打发至面筋扩展阶段（略光滑）后，再加入黄油和盐打发至十成，拉出呈薄膜状（图1~图3）。

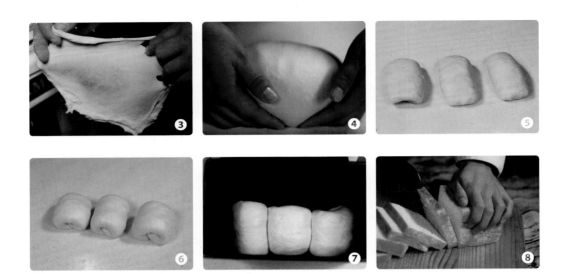

② 将面团盘至表面光滑，松弛30分钟（图4）。

③ 将面团分割成150g／个（图5）。

④ 整至成形放入吐司模中，然后醒发（温度为
32℃，湿度为80%）约60分钟（图6和图7）。

⑤ 入炉烘烤，以上火200℃、下火215℃烘
烤30～40分钟即可，取出装饰装盘（图8～
图9）。

━━━ 操作要领 ━━━

1. 控制好面团扩展的程度。

2. 控制好烘烤的时间。

葡萄种酸乳酪

一　原料

名称	数量
高筋面粉	1000g
淡奶油	150g
黄油	100g
盐	13g
糖	100g
鸡蛋	200g
乳酪	230g
低糖酵母	6g
水	250g
葡萄种	250g
核桃仁	160g

 二　准备工具

和面机	面粉筛	刮板
电子秤	擀面杖	保鲜膜

170

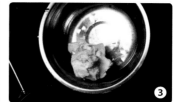

三 操作步骤

① 将除盐、黄油、核桃仁、乳酪以外的原料倒入搅拌桶中，打发至面筋扩展阶段（表面略光滑）后，再加入黄油、盐将面团打发至九成，加入核桃仁慢挡搅匀（图1～图3）。

② 面团基础发酵30分钟后，进行排气、分割等操作，面团分割为60g/个（图4）。

③ 稍松弛后，将每个面团包入15g的乳酪，卷至成形，划3道刀口（图5）。

④ 醒发（温度为32℃，湿度为80%）约60分钟（图6）。

⑤ 以上火198℃、下火188℃烤12～15分钟，取出装饰装盘（图7）。

操作要领

1. 低糖酵母会因为天气的原因而发生变化，需注意是否有异味。

2. 低糖酵母的养殖配方为：无油提子500g，有机白糖150g，凉白开水1000g，麦芽糖5g，养殖7天、约168小时以上后，取菌水加入适量的高筋面粉再喂养3天，然后就可使用。

香肠法棍

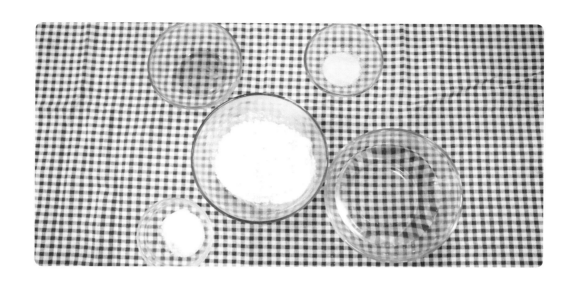

二　准备工具

名称	数量
高筋面粉	800g
盐	20g
酵母	10g
水	520g
黄油	20g
蜂蜜	适量
香肠	适量

和面机
面粉筛
刮板
电子秤
擀面杖
保鲜膜

三　操作步骤

① 将除盐、黄油和香肠以外的原料倒入桶中，打发至面筋扩展阶段（表面略光滑）后，加入黄油和盐打发至十成，拉出呈薄膜状（图1和图2）。

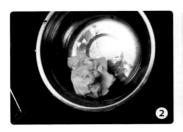 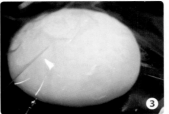 

② 将面团盘至表面光滑，松弛90分钟（图3）。

③ 将面团分割成300g／个，压扁加入香肠，卷至成形（图4～图5）。

④ 醒发（温度为30℃，湿度为80%）约60分钟后，划5道刀口（图6）。

⑤ 入炉烘烤，喷入蒸汽，以上火205℃、下火225℃烤30～40分钟，取出装饰装盘（图7）。

操作要领

1. 烘烤时最好喷入蒸汽，以增加面团表面的色泽。

2. 蒸汽过多会影响制品表皮厚度。

丹麦羊角

一　原料

名称	数量
高筋面粉	1000g
黄油	30g
盐	17g
酵母	16g
水	480g
奶粉	30g
糖	80g
丹麦油	500g
蜂蜜	适量
牛奶	适量

二　准备工具

和面机	面粉筛	刮板
保鲜膜	擀面杖	电子秤

三　操作步骤

❶ 将除盐、黄油和丹麦油以外的原料倒入桶中，打发至面筋扩展阶段（表面略光滑）后，再加入黄油和盐，打发至八成（图1和图2）。

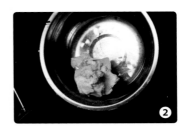

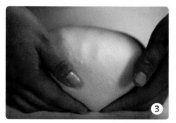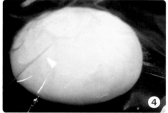

② 将面团盘至表面光滑，先松弛 30 分钟，再急冻
    30 ~ 40 分钟（图 3 和图 4）。

③ 将面团压长包入丹麦油（图 5 和图 6）。

④ 将面团压长，折 3 折，松弛 20 分钟，重复三
    次即可（图 7）。

⑤ 擀至厚度为 0.5 厘米，然后切三角形（长为
    10 厘米、高为 18 厘米），最后卷成羊角状（图
    8 ~ 图 10）。

⑥ 醒发（温度为 30℃，湿度为 80%）约 40 分钟，
    然后放入烤箱，以上火 200℃、下火 180℃烤约
    15 分钟，出炉晾一会儿，装饰装盘（图 11）。

操作要领

1. 面包和丹麦油的软硬度要一致。

2. 注意整形的方法。

3. 开酥要用力均匀。

4. 掌握好面包的冷冻时间。

5. 控制好烘烤色泽，以金黄色为宜。

图书在版编目（CIP）数据

我的快乐烘焙时光/新东方烹饪教育组编. —北京：中国人民大学出版社，2017.10
（西点师成长必修课程系列）
ISBN 978-7-300-24990-2

Ⅰ.①我… Ⅱ.①新… Ⅲ.① 西点－烘焙 Ⅳ.① TS213.2

中国版本图书馆CIP数据核字（2017）第227306号

西点师成长必修课程系列
我的快乐烘焙时光
新东方烹饪教育 组编
Wo de Kuaile Hongbei Shiguang

出版发行	中国人民大学出版社		
社　　址	北京中关村大街31号	邮政编码	100080
电　　话	010-62511242（总编室）	010-62511770（质管部）	
	010-82501766（邮购部）	010-62514148（门市部）	
	010-62515195（发行公司）	010-62515275（盗版举报）	
网　　址	http://www.crup.com.cn		
	http://www.ttrnet.com （人大教研网）		
经　　销	新华书店		
印　　刷	北京宏伟双华印刷有限公司		
规　　格	185mm×260mm　16开本	版　　次	2017年10月第1版
印　　张	11.75	印　　次	2024年12月第8次印刷
字　　数	227000	定　　价	47.00元